最强大脑

数学预备课

1 我会认数和写数

杨易 著

中国妇女出版社

图书在版编目（CIP）数据

最强大脑数学预备课 . 1，我会认数和写数 ／ 杨易著
． －－ 北京 ：中国妇女出版社，2021.10
ISBN 978-7-5127-1981-1

Ⅰ.①最… Ⅱ.①杨… Ⅲ.①数学－儿童读物 Ⅳ.
①O1-49

中国版本图书馆CIP数据核字（2021）第082953号

最强大脑数学预备课 1——我会认数和写数

作　　者：杨　易　著
项目统筹：门　莹
责任编辑：王　琳
封面设计：天之赋设计室
责任印制：王卫东
出版发行：中国妇女出版社
地　　址：北京市东城区史家胡同甲24号　　邮政编码：100010
电　　话：（010）65133160（发行部）　　65133161（邮购）
网　　址：www.womenbooks.cn
法律顾问：北京市道可特律师事务所
经　　销：各地新华书店
印　　刷：北京中科印刷有限公司
开　　本：150×215　1/16
印　　张：9.25
字　　数：96千字
版　　次：2021年10月第1版
印　　次：2021年10月第1次
书　　号：ISBN 978-7-5127-1981-1
定　　价：199.00元（全五册）

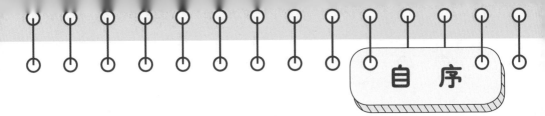

自序

从"全球脑王"到"脑王之王"
——我还是原来那个数学老师

    从清华大学硕士毕业后，我选择成为一名小学数学老师。对于我的这一职业选择，很多人都不太能理解，但我很喜欢小学数学老师这个职业，原因就在于我喜欢分享、喜欢小朋友，喜欢在数学的世界里进行孜孜不倦的探索和挑战。

    数学起源于人类早期的生产活动，很早就被应用在了计数、天文、度量和贸易中，它与我们的生活息息相关。在数学的世界里，我总能找到一种挑战的乐趣，我想通过老师这一职业把自己对数学的热爱和理念传递给孩子们。

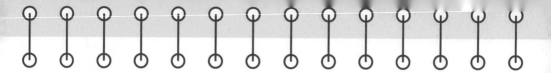

2018～2020年，我连续三年参加了江苏卫视《最强大脑》的比赛。我凭借对数学的热爱、对挑战的激情，在节目中跟来自世界各地的高手过招，一路闯关。2018年，我获

得了《最强大脑》第五季"全球脑王"；2020年我更是披荆斩棘，在与历年"脑王"的PK赛中获得了《最强大脑》第七季"脑王之王"。

得知我获胜的消息后，一些粉丝在网上给我留言，说我取胜靠的是六分实力、四分运气。其实，如果让我自己来评价的话，我觉得应该是六分运气、四分实力。因为这个赛场有太多的顶尖高手，每个人都有自己擅长的领域，而我刚好遇到了适合自己的挑战题目。

《最强大脑》比赛现场的压力非常大，选手之间拼的不仅是脑力，更是心态，而我是带着玩和挑战的心态去参加比赛的。我太享受比赛的过程了！在赛场上，每次与比自己优秀的高手过招时，我都会主动学习他们优秀的思维方式。

你一定很奇怪，为什么很多项目我上场之前没什么把握，最终却能挑战成功？秘诀就是我会尽全力去拼。我始终坚信：在赛场上，高手也会出错，也会有不擅长的领域。不要惧怕与高手对战，把自己放在挑战

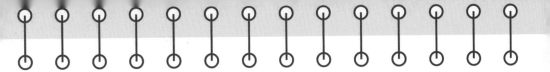

中，让自己的能力不断去匹配各种挑战，这才是最重要的。

我清楚地记得，2020年《最强大脑》第七季，在"脑王之王"的决赛中，最后一个项目是欧拉幻方。欧拉是一位非常伟大的数学家，幻方是小学阶段的数学游戏。作为小学数学老师，我对幻方不陌生，对它的认识也比较深入。幻方涉及运算，也涉及推理，同时还和图形有关。这本应是我很熟悉的项目，但在备战期间，只有我一个人没有独立完成模拟题目。虽然如此，进入真正的比赛后，我就不再去想备战的事，而是完全沉浸在做题中，用一种挑战的心理，不想让自己留下任何遗憾。

回忆我在2018年参赛的那些场景，在很多场比赛中，我都是在落后的情况下反超对手，最终赢得了比赛。于是，大家给我取了一个名号——"中国战队定海神针"。我之所以那么镇定，就是做到了战略上藐视敌人，战术上重视敌人。我不求快，但一定要确保又稳又准。在很多比赛中，我赢下了最后一程，不是因为我有多快，而是因为我是最后算对的那个人，而对手们都忙中出错了。

每次站在《最强大脑》的比赛现场，我都很庆幸自己喜欢数学，因

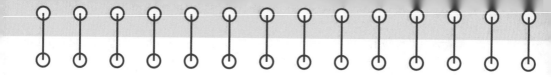

为数学这门学科给我加持了很多能量。无论是百人海选还是战队PK，其中很多项目都和常见的数学游戏有关。这些数学游戏我都不陌生，它们让我在赛场上能很快掌握要领和窍门。

有句老话，"学好数理化，走遍天下都不怕"。数学自身具有非常强的逻辑性，又是很多学科的基础，学好数学确实非常重要。所以，从幼小衔接开始给孩子做数学启蒙，家长一定要本着负责任的态度，给孩子夯实数学基础，培养孩子的数学思维和对数学的学习兴趣。

参与《最强大脑》比赛，取得"脑王"的荣誉后，我被越来越多的人认识，也有了越来越多的喜爱者。很多人都好奇：我成为"脑王"以后，生活和工作是不是发生了很大的变化？其实一点儿也没变，我还是原来的那个数学老师，每天都在忙着做  数学教研。唯一不同的是，我将自己参加《最强大脑》的感悟融入数学教研中，形成寓教于乐的"脑王"教学模式。这套书就是这一教学模式阶段性的总结和展示，目的是更好地为孩子们开启数学学习的快乐之门！

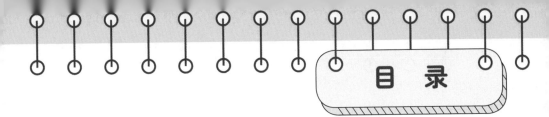

目 录

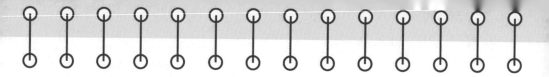

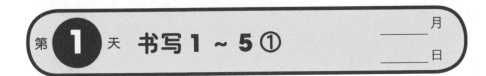

第 1 天　书写 1 ~ 5 ①

_____ 月

_____ 日

脑王课堂

 脑王！脑王！可以教我学数学吗？

好啊！那我们今天从最简单的认识数开始。

示例：

| • | / | •• | 2 | ••• | 3 | •••• | 4 | ••••• | 5 |

 这些我都认识。

图中小圆点的数量分别对应1、2、3、4、5，不仅能读，还要会写。小朋友，快来练一练吧！

✏️ 试一试　以下是1~5的书写练习，快来跟着脑王示例写一写。

 • / / / / /

 •• 2 2 2 2

 ••• 3 3 3 3

 •••• 4 4 4 4

 ••••• 5 5 5 5

小朋友，哪个数最难写？给前一页最难写的数画一颗五角星，再在下面继续多练一练吧！

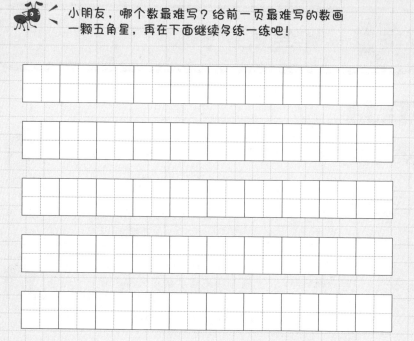

学习打卡

你今天学习花了多少时间？
（家长帮忙计时）

 A. 不到 5 分钟　 B. 5~10 分钟　 C. 10 分钟以上

你今天练习全做对了吗？

 A. 全对　 B. 仅错一处　 C. 错误较多

小朋友，明天我们还要继续学习并打卡！

今天能得几颗星？把星星涂上你喜欢的颜色，来给自己打分吧！

★★★★★

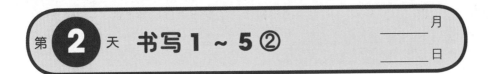

第 **2** 天　书写 1 ~ 5 ②

_____ 月

_____ 日

脑王课堂

 脑王！脑王！我已经会写1~5了。

 好棒啊！那把1~5顺序打乱，你还会写吗？今天我们来进行这个新的挑战！

 好呀！喜欢新的挑战！

试一试　写出●对应的数。

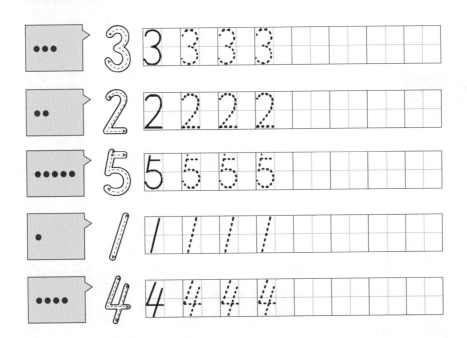

复习

小朋友，哪个数最不熟悉？给前一页最不熟悉的数画一颗五角星，再在下面继续多练一练吧！

学习打卡

你今天学习花了多少时间？
（家长帮忙计时）

A. 不到 5 分钟　　B. 5~10 分钟　　C. 10 分钟以上

你今天练习全做对了吗？

A. 全对　　B. 仅错一处　　C. 错误较多

小朋友，明天我们还要继续学习并打卡！

今天能得几颗星？把星星涂上你喜欢的颜色，来给自己打分吧！

★ ★ ★ ★ ★

第 3 天 使用 1 ~ 5 ①

_____ 月
_____ 日

脑王课堂

 脑王！脑王！1~5这几个数都已经会写了，接下来还有什么新挑战？

今天来玩一个新游戏，教大家数数，数一数有多少个水果。

示例：

 有（5）个

试一试 按脑王示例的方法，在□和（　）内填上相应的数。

 □　　　　　　　　　　　　　　　　 有（　）个

 □ □　　　　　　　　　　 有（　）个

 □ □ □　　　　　 有（　）个

 □ □ □ □　　　 有（　）个

 □ □ □ □ □　 有（　）个

复习

小朋友，你都数对了吗？画上你最喜欢的水果，再数一数。

学习打卡

你今天学习花了多少时间？
（家长帮忙计时）

A. 不到 5 分钟　　B. 5~10 分钟　　C. 10 分钟以上

你今天练习全做对了吗？

A. 全对　　　B. 仅错一处　　C. 错误较多

小朋友，明天我们还要继续学习并打卡！

今天能得几颗星？把星星涂上你喜欢的颜色，来给自己打分吧！

★ ★ ★ ★ ★

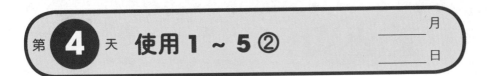

第 4 天 使用1～5②

___ 月
___ 日

 脑王课堂

 脑王！脑王！数水果的游戏我已经学会了，很好玩。

今天继续做好玩的游戏，数一数有多少只动物。

示例：

 [1]　😺 [2]　😺 [3]　😺 [4]　😺 [5]　😺 有（5）只

 试一试  按脑王示例的方法，在□和（　）内填上相应的数。

🐰 [　]　🐰 [　]　🐰 [　]　🐰 [　]　　　　　🐰 有（　）只

🐐 [　]　🐐 [　]　　　　　　　　　　　　🐐 有（　）只

🐱 [　]　　　　　　　　　　　　　　　　🐱 有（　）只

🐟 [　]　🐟 [　]　🐟 [　]　🐟 [　]　🐟 [　]　　🐟 有（　）条

🐦 [　]　🐦 [　]　🐦 [　]　　　　　　　　🐦 有（　）只

007

复习

小朋友，你都数对了吗？画上你喜欢的动物，并数一数。

学习打卡

你今天学习花了多少时间？
（家长帮忙计时）

A.不到 5 分钟　　B.5~10 分钟　　C.10 分钟以上

你今天练习全做对了吗？

A.全对　　　B.仅错一处　　C.错误较多

小朋友，明天我们还要继续学习并打卡！

今天能得几颗星？把星星涂上你喜欢的颜色，来给自己打分吧！

★★★★★

第 **5** 天 使用 1 ~ 5 ③

_____ 月

_____ 日

脑王课堂

脑王！脑王！数水果和动物的游戏我们都玩过了，还有什么新的游戏吗？

今天我们玩填数游戏，直接在图案后边写出一共有多少个。

示例：

试一试

和脑王示例一样，在□内填上相应的数。

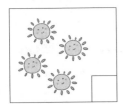  

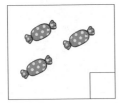 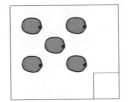 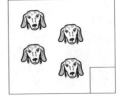

小朋友，你都填对了吗？你最喜欢什么图案？继续画一画，再填上相应的数。

学习打卡

你今天学习花了多少时间？
（家长帮忙计时）

A. 不到 5 分钟　　B. 5~10 分钟　　C. 10 分钟以上

你今天练习全做对了吗？

A. 全对　　　B. 仅错一处　　C. 错误较多

小朋友，明天我们还要继续学习并打卡！

今天能得几颗星？把星星涂上你喜欢的颜色，来给自己打分吧！

⭐⭐⭐⭐⭐

脑王测试

 脑王！脑王！数学游戏太好玩了，我们今天玩什么呢？

今天我们做测试挑战游戏，我出一些题目考考大家。

✏️ 试一试　接受挑战，加油！

 有（　）个

🐭 有（　）只

小朋友，你都答对了吗？如果有错题，请在下方改正。

学习打卡

你今天学习花了多少时间？
（家长帮忙计时）

A. 不到 5 分钟　　B. 5~10 分钟　　C. 10 分钟以上

你今天练习全做对了吗？

A. 全对　　　B. 仅错一处　　C. 错误较多

小朋友，明天我们还要继续学习并打卡！

今天能得几颗星？把星星涂上你喜欢的颜色，来给自己打分吧！

★★★★★

评级证书

一级

（认数和写数）

_____ 同学：

祝贺你在"认数和写数训练1～6天"学

习中，坚持练习并通过了测试！

请你以"小脑王"为目标，继续努力！

年　　月　　日

数学评测官　　杨易

第 **7** 天 书写 6 ~ 9 ①

_____ 月

_____ 日

x

脑王课堂

 脑王！脑王！测试挑战我顺利过关啦！接下来还有什么挑战呀？

恭喜顺利过关！今天我们要认识新的数，6、7、8和9。

示例：

 哦，我认识它们，但还不会写。

那我就教给大家快速学会写它们的方法。

✏️ 试一试 以下是6~9的书写练习，快来写一写。

  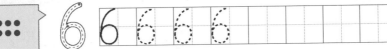

  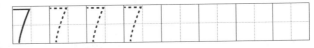

  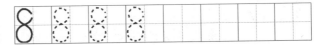

  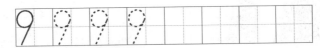

015

小朋友，哪个数最难写？给前一页最难写的数画一颗五角星，再在下面继续多练一练吧！

学习打卡

你今天学习花了多少时间？
（家长帮忙计时）

A. 不到 5 分钟　　B. 5~10 分钟　　C. 10 分钟以上

你今天练习全做对了吗？

A. 全对　　B. 仅错一处　　C. 错误较多

小朋友，明天我们还要继续学习并打卡！

今天能得几颗星？把星星涂上你喜欢的颜色，来给自己打分吧！

★ ★ ★ ★ ★

第 **8** 天 书写 6 ~ 9 ②

_____ 月

_____ 日

脑王课堂

 脑王！脑王！我已经会写 6、7、8和9了。

 好呀！没问题！

好棒啊！那把6~9顺序打乱，你还会写吗？

 试一试　写出●对应的数。

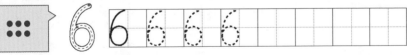

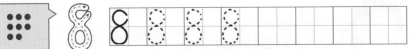

小朋友，哪个数最不熟悉？给前一页最不熟悉的数画一颗五角星，再在下面继续多练一练吧！

学习打卡

你今天学习花了多少时间？
（家长帮忙计时）

A.不到5分钟　　B.5~10分钟　　C.10分钟以上

你今天练习全做对了吗？

A.全对　　B.仅错一处　　C.错误较多

小朋友，明天我们还要继续学习并打卡！

今天能得几颗星？把星星涂上你喜欢的颜色，来给自己打分吧！

第 **9** 天　使用 6 ~ 9 ①

_____月

_____日

脑王课堂

 脑王！脑王！6~9这几个数我都已经会写了，接下来还有什么新挑战呢？

今天来玩数数游戏，数一数有多少个水果。

示例:

1 2 3 4 5 6　有（6）个

✏️ 试一试　按脑王示例的方法，在□和（　）内填上相应的数。

□ □ □

□ □ □

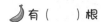有（　）根

□ □ □ □

□ □ □

有（　）个

　 　 　 □

　 　 □

有（　）个

有（　）个

019

小朋友，你都数对了吗？画上你最喜欢的水果，再数一数。

学习打卡

你今天学习花了多少时间？
（家长帮忙计时）

A. 不到 5 分钟　　B. 5~10 分钟　　C. 10 分钟以上

你今天练习全做对了吗？

A. 全对　　B. 仅错一处　　C. 错误较多

小朋友，明天我们还要继续学习并打卡！

今天能得几颗星？把星星涂上你喜欢的颜色，来给自己打分吧！

★ ★ ★ ★ ★

脑王课堂

 脑王！脑王！数水果的游戏我已经学会了，很好玩。　今天继续数一数有多少只动物。

示例：

🐱 1 🐱 2 🐱 3 🐱 4 🐱 5 🐱 6 　🐱有（ 6 ）只

✏️ 试一试　按脑王示例的方法，在□和（ ）内填上相应的数。

🐻□ 🐻□ 🐻□ 🐻□

🐻□ 🐻□ 🐻□ 　🐻有（ ）头

🐑□ 🐑□ 🐑□

🐑□ 🐑□ 🐑□ 　🐑有（ ）只

🐭□ 🐭□ 🐭□ 🐭□

🐭□ 🐭□ 🐭□ 🐭□ 　🐭有（ ）只

🐵□ 🐵□ 🐵□ 🐵□

🐵□ 🐵□ 🐵□ 🐵□ 　🐵有（ ）只

复习

小朋友，你都数对了吗？画上你最喜欢的动物，再数一数吧。

第 11 天 使用 6～9 ③

_____ 月
_____ 日

脑王课堂

 脑王！脑王！数水果和动物的游戏我们都玩过了，还有什么新的游戏吗？

今天我们玩填数游戏，直接在图案后边写出一共有多少个。

示例：

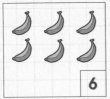

6

✏️ **试一试** 和脑王示例一样，在□内填上相应的数。

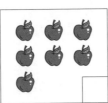

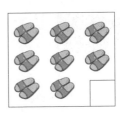

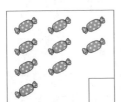

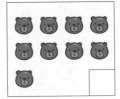

023

小朋友，你都填对了吗？哪个图案最难填？继续画一画，写一写。

复习

学习打卡

你今天学习花了多少时间？
（家长帮忙计时）

A.不到 5 分钟　　B.5~10 分钟　　C.10 分钟以上

你今天练习全做对了吗？

A.全对　　　B.仅错一处　　C.错误较多

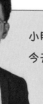 小朋友，明天我们还要继续学习并打卡！

今天能得几颗星？把星星涂上你喜欢的颜色，来给自己打分吧！

★★★★★

脑王测试

 脑王！脑王！好玩的数学游戏还有吗？

当然有了！今天我要考考你前面的知识是不是都掌握了。

 试一试 接受挑战，加油！

🍓有（　）个

🐑有（　）只

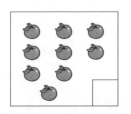

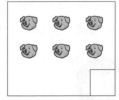

小朋友，你挑战成功了吗？如果有错题，请在下方改正。

总结

学习打卡

你今天学习花了多少时间？
（家长帮忙计时）

A. 不到 5 分钟　　B. 5~10 分钟　　C. 10 分钟以上

你今天练习全做对了吗？

A. 全对　　　　B. 仅错一处　　C. 错误较多

小朋友，明天我们还要继续学习并打卡！

今天能得几颗星？把星星涂上你喜欢的颜色，来给自己打分吧！

★ ★ ★ ★ ★

评级证书

二级

（认数和写数）

_____ 同学：

祝贺你在"认数和写数训练7～12天"

学习中，坚持练习并通过了测试！

请你以"小脑王"为目标，继续努力！

年　　月　　日

数学评测官　　杨易

脑王课堂

脑王！脑王！测试挑战我顺利过关啦！还有什么新挑战？

好呀。

恭喜顺利过关！今天我们玩比多少的游戏。

示例：

试一试　把数量多的一种水果圈出来。

复习

小朋友，你都圈对了吗？画两组糖果，把夕的一组圈出来。

你今天学习花了多少时间？
（家长帮忙计时）

A. 不到 5 分钟   B. 5~10 分钟   C.10 分钟以上

你今天练习全做对了吗？

A. 全对   B. 仅错一处   C.错误较多

小朋友，明天我们还要继续学习并打卡！

今天能得几颗星？把星星涂上你喜欢的颜色，来给自己打分吧！

⭐ ⭐ ⭐ ⭐ ⭐

第 14 天 比多少②

_____ 月

_____ 日

脑王课堂

 脑王！脑王！水果比多少游戏顺利完成，接下来你会教我什么呀？

坑持学习很棒！今天我们继续玩比多少游戏，在□内填上相应的数，然后把数量多的一组圈出来。

示例：

| | | 3 | | 4 |

试一试   在□内填上合适的数，并把数量多的一组圈出来。

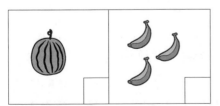

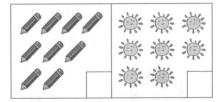

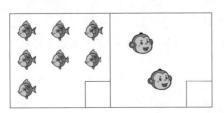

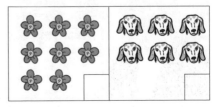

小朋友，你都做对了吗？画两组玩具，数一数，再把多的一组圈出来。

学习打卡

你今天学习花了多少时间？
（家长帮忙计时）

 A.不到 5 分钟　 B.5~10 分钟　 C.10 分钟以上

你今天练习全做对了吗？

 A.全对　B.仅错一处　 C.错误较多

小朋友，明天我们还要继续学习并打卡！

今天能得几颗星？把星星涂上你喜欢的颜色，来给自己打分吧！

⭐⭐⭐⭐⭐

脑王课堂

 脑王！脑王！比多少的游戏
我已经连闯两关了！

下一关游戏来了。这次
与之前相反，要圈出数
量少的那一组。

示例：

试一试 先在□内填数，再把少的一组圈出来。

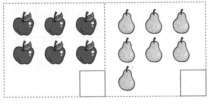

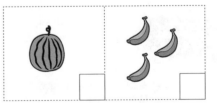

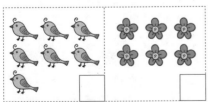

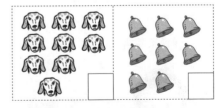

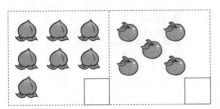

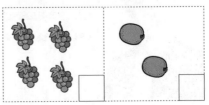

复习

小朋友，你都做对了吗？画两组动物，数一数，写上数，再把少的一组圈出来。

第 16 天　认识 ">"

脑王课堂

 脑王！脑王！我已经学会比多少，接下来还有什么好玩的？

今天带大家认识 ">"。

 ">" 是什么意思呀？

">" 叫大于号，它表示前面的数比后面的数大。

示例： 3 > 2

试一试　在□内填上数并在合适的○内填上 ">"。

 □ ○ □

 □ ○ □

 □ ○ □

 □ ○ □

 □ ○ □

小朋友，你都写对了吗？把上一页能填"＞"的几个数再写一遍。

学习打卡

你今天学习花了多少时间？
（家长帮忙计时）

A. 不到 5 分钟　　B. 5~10 分钟　　C. 10 分钟以上

你今天练习全做对了吗？

A. 全对　　B. 仅错一处　　C. 错误较多

小朋友，明天我们还要继续学习并打卡！

今天能得几颗星？把星星涂上你喜欢的颜色，来给自己打分吧！

★★★★★

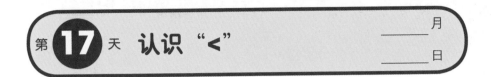

第 17 天 认识 "<"

_____ 月
_____ 日

 脑王！脑王！我已经学会用 ">" 了。

太棒啦！那接下来我们一起来认识 "<"。

 "<" 是什么意思呀？

"<" 叫小于号，它表示前面的数比后面的数小。

示例： [3] < [4]

试一试 在□内填上数并在合适的○内填上 "<"。

 [ ] ○ [ ]

 [ ] ○ [ ]

 [ ] ○ [ ]

 [ ] ○ [ ]

 [ ] ○ [ ]

 [ ] ○ [ ]

小朋友，你都写对了吗？把上一页能填"＜"的
几个数再写一遍。

学习打卡

你今天学习花了多少时间？
（家长帮忙计时）

A.不到 5 分钟   B.5~10 分钟   C.10 分钟以上

你今天练习全做对了吗？

A.全对   B.仅错一处   C.错误较多

小朋友，明天我们还要继续学习并打卡！

今天能得几颗星？把星星涂上你喜欢的颜色，来给自己打分吧！

⭐⭐⭐⭐⭐

脑王测试

 脑王！脑王！谁多谁少、谁大谁小，我都学会了，难不住我！

真的都学会了吗？今天就出题考考你。

 出题吧，我会认真做题的。

试一试

先在□内填上数，再在合适的地方填上"＞"或"＜"，有些地方不需要填。

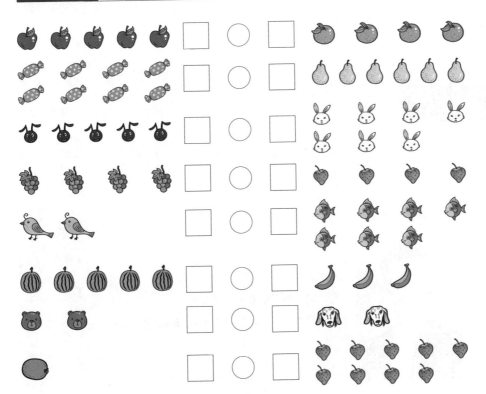

小朋友，你都答对了吗？如果有错题，请在下方改正。

学习打卡

你今天学习花了多少时间？
（家长帮忙计时）

 A.不到 5 分钟   B.5~10 分钟   C.10 分钟以上

你今天练习全做对了吗？

A.全对   B.仅错一处   C.错误较多

小朋友，明天我们还要继续学习并打卡！

今天能得几颗星？把星星涂上你喜欢的颜色，来给自己打分吧！

⭐⭐⭐⭐⭐

评级证书

三级

（认数和写数）

_____ 同学：

祝贺你在"认数和写数训练13～18天"

学习中，坚持练习并通过了测试！

请你以"小脑王"为目标，继续努力！

年　　月　　日

数学评测官　　杨易

第 19 天　最多与最少①

脑王课堂

 脑王！脑王！我已经顺利闯关了。今天我们玩什么呢？

 这个游戏我爱玩。

今天我们来找谁最多、谁最少。在数量最多的下面画"○"，在数量最少的下面画"△"。

示例：

□　　△　　○

✏️ 试一试　在数量最多的下面画"○"，在数量最少的下面画"△"。

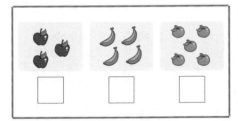

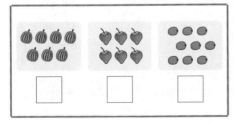

小朋友，你都画对了吗？选几组你最喜欢的图案，
再写一写它们的数量。

学习打卡

你今天学习花了多少时间？
（家长帮忙计时）

A. 不到 5 分钟　　B. 5~10 分钟　　C. 10 分钟以上

你今天练习全做对了吗？

A. 全对　　　　B. 仅错一处　　　C. 错误较多

小朋友，明天我们还要继续学习并打卡！

今天能得几颗星？把星星涂上你喜欢的颜色，来给自己打分吧！

脑王课堂

 脑王！脑王！今天又有什么新挑战？

 没问题，愉快接受新挑战。

今天我们来找最大和最小的数。在最大的数下面画"√"，在最小的数下面画"△"。

示例：

2	**1**	**3**
	△	√

✏️ **试一试**　在最大的数下面画"√"，在最小的数下面画"△"。

3	4	5		4	2	3		7	6	9
☐	☐	☐		☐	☐	☐		☐	☐	☐

5	7	1		8	6	2		1	3	6
☐	☐	☐		☐	☐	☐		☐	☐	☐

2	7	4		5	4	9		6	8	3
☐	☐	☐		☐	☐	☐		☐	☐	☐

小朋友，你都答对了吗？从上一页题目中选两组
喜欢的数，再写一遍。

学习打卡

你今天学习花了多少时间？
（家长帮忙计时）

A. 不到 5 分钟　　B. 5~10 分钟　　C. 10 分钟以上

你今天练习全做对了吗？

A. 全对　　　　　B. 仅错一处　　　C. 错误较多

小朋友，明天我们还要继续学习并打卡！

今天能得几颗星？把星星涂上你喜欢的颜色，来给自己打分吧！

☆ ☆ ☆ ☆ ☆

脑王课堂

脑王! 脑王! 谁最大谁最小, 我都已经会比啦!

太棒了! 今天我们学给数排顺序。

什么是排顺序呢?

我给你三个数, 请按从大到小的顺序排一排。注意, 它们之间是"＞"。

示例:　　　**2, 5, 3**

| 5 | ＞ | 3 | ＞ | 2 |

✏ 试一试　把三个数按从大到小的顺序排起来, 填到相应的□中。

1, 4, 7

□ ＞ □ ＞ □

5, 4, 9

□ ＞ □ ＞ □

3, 6, 4

□ ＞ □ ＞ □

7, 8, 9

□ ＞ □ ＞ □

5, 7, 1

□ ＞ □ ＞ □

3, 2, 8

□ ＞ □ ＞ □

复习

小朋友，你都填对了吗？从上一页题目中选两组
喜欢的数，再写一遍。

学习打卡

你今天学习花了多少时间？
（家长帮忙计时）

A.不到 5 分钟　　B.5~10 分钟　　C.10 分钟以上

你今天练习全做对了吗？

A.全对　　B.仅错一处　　C.错误较多

小朋友，明天我们还要继续学习并打卡！

今天能得几颗星？把星星涂上你喜欢的颜色，来给自己打分吧！

★ ★ ★ ★ ★

第 **22** 天 排顺序②

_____ 月

_____ 日

脑王课堂

 脑王！脑王！三个数从大到小排序，我已经学会啦！

 坚持学习好棒啊！今天我们再学一个新知识。

 学什么新知识啊？

 今天我们反过来排序，把三个数按从小到大的顺序排起来。

示例：　　6，5，8

$\boxed{5}$ < $\boxed{6}$ < $\boxed{8}$

✏️ **试一试** 把三个数按从小到大的顺序填到□中。

1，9，8

□ < □ < □

2，1，6

□ < □ < □

3，4，5

□ < □ < □

6，7，5

□ < □ < □

6，8，4

□ < □ < □

9，5，3

□ < □ < □

小朋友，你都填对了吗？从上一页题目中选两组喜欢的数，再写一遍。

学习打卡

你今天学习花了多少时间？
（家长帮忙计时）

A. 不到 5 分钟　　B. 5~10 分钟　　C. 10 分钟以上

你今天练习全做对了吗？

A. 全对　　　B. 仅错一处　　C. 错误较多

小朋友，明天我们还要继续学习并打卡！

今天能得几颗星？把星星涂上你喜欢的颜色，来给自己打分吧！

★ ★ ★ ★ ★

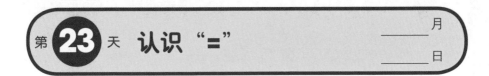

脑王课堂

 脑王！脑王！数之间的大小关系，我已经明白了。

那今天我们就再认识一个新的符号——等于号"="。

 "="表示的是什么意思呀？

"="表示前后两个数一样大。

示例：

| 3 | = | 3 |

试一试 在□中填上数并在合适的○内填上"="。

□ ○ □　　　□ ○ □　　　□ ○ □

□ ○ □　　　□ ○ □　　　□ ○ □

 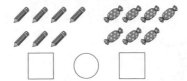

□ ○ □　　　□ ○ □

051

小朋友，你都写对了吗？把上一页能填"="的几个数再写一遍。

学习打卡

你今天学习花了多少时间？
（家长帮忙计时）

A. 不到 5 分钟　　B. 5~10 分钟　　C. 10 分钟以上

你今天练习全做对了吗？

A. 全对　　B. 仅错一处　　C. 错误较多

小朋友，明天我们还要继续学习并打卡！

今天能得几颗星？把星星涂上你喜欢的颜色，来给自己打分吧！

脑王测试

 脑王！脑王！今天我们学什么？

又到我们的测试挑战了，我出一些题考考你。

 又有新挑战了，我会加油闯关的！

✎ **试一试** 填上数或合适的符号。

1，4，3

□ > □ > □

5，8，2

□ > □ > □

9，3，7

□ < □ < □

6，4，8

□ < □ < □

5 ◯ 3   6 ◯ 7   4 ◯ 4

9 ◯ 2   1 ◯ 8   3 ◯ 3

总结

小朋友，你都答对了吗？如果有错题，请在下方改正。

学习打卡

你今天学习花了多少时间？
（家长帮忙计时）

A. 不到 5 分钟　　B. 5~10 分钟　　C. 10 分钟以上

你今天练习全做对了吗？

A. 全对　　　　B. 仅错一处　　C. 错误较多

小朋友，明天我们还要继续学习并打卡！

今天能得几颗星？把星星涂上你喜欢的颜色，来给自己打分吧！

评级证书

四级

（认数和写数）

————— 同学：

祝贺你在"认数和写数训练19～24天"

学习中，坚持练习并通过了测试！

请你以"小脑王"为目标，继续努力！

年　　月　　日

数学评测官　　杨易

第 **25** 天 熟悉相邻数

_____月

_____日

脑王课堂

 脑王！脑王！我又顺利闯关啦！继续接受新的挑战！

 今天学习相邻数。

 什么是相邻数啊？

 就是你在数数时，挨在一起的数。比如，数字2的相邻数就是1和3。

示例：

—[1]—[2]—[3]—

试一试 在□内填上相应的数。

□—[4]—□—

□—[6]—□—

□—[7]—□—

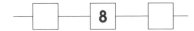
□—[8]—□—

□—[5]—□—

□—[3]—□—

小朋友，你都填对了吗？挑两组相邻数，再写一遍。

学习打卡

你今天学习花了多少时间？
（家长帮忙计时）

A. 不到 5 分钟　　B. 5~10 分钟　　C.10 分钟以上

你今天练习全做对了吗？

A. 全对　　　　B. 仅错一处　　C. 错误较多

小朋友，明天我们还要继续学习并打卡！

今天能得几颗星？把星星涂上你喜欢的颜色，来给自己打分吧！

脑王课堂

 脑王！脑王！相邻数已经学会了，今天我们学什么？

认识序数。我们来给小动物们排个队。

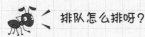 排队怎么排呀？

按照顺序排！先观察小动物的位置，再数一数它们分别排在第几个。

示例：

 前  后

 排第 | 2 |

试一试   在□里填上相应的序数。

 前  后

 排第 □

 排第 □

 排第 □

 排第 □

 排第 □

小朋友，你都排对了吗？数一数没被问到的小动物排第几，写下来。

你今天学习花了多少时间？
（家长帮忙计时）

A. 不到 5 分钟　　B. 5~10 分钟　　C. 10 分钟以上

你今天练习全做对了吗？

A. 全对　　B. 仅错一处　　C. 错误较多

小朋友，明天我们还要继续学习并打卡！

今天能得几颗星？把星星涂上你喜欢的颜色，来给自己打分吧！

★★★★★

脑王课堂

 脑王！脑王！给小动物排队挺好玩的，今天我们是不是要继续玩呀？

 好呀，我会认真玩的。

 好聪明，猜对了。今天我们玩给冰箱里的水果排队的游戏。

示例：

从高向低排，

🍌 排第 **3**

✏️ **试一试** 在□里填上相应的序数。

 排第 □　　　🍊 排第 □　　　🍉 排第 □

 排第 □　　　🍓 排第 □

小朋友，你都排对了吗？数一数没被问到的水果排第几，写下来。

学习打卡

你今天学习花了多少时间？
（家长帮忙计时）

A. 不到 5 分钟　　B. 5~10 分钟　　C. 10 分钟以上

你今天练习全做对了吗？

A. 全对　　B. 仅错一处　　C. 错误较多

小朋友，明天我们还要继续学习并打卡！

今天能得几颗星？把星星涂上你喜欢的颜色，来给自己打分吧！

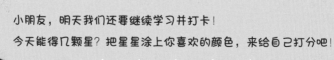

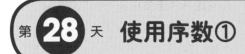

第 **28** 天　使用序数①

_____ 月

_____ 日

脑王课堂

 脑王！脑王！序数还有什么新的玩法吗？

今天我们要使用序数帮小动物们排座位。

 座位怎么排？

帮小动物和座位连上线。画线时要用直尺。

示例:

 排第7

✏️ **试一试**　看看小动物都排第几。

排第5

排第3

排第1

排第6

排第4

排第8

复习

小朋友，你都连对了吗？没被连线的座位排第几？

学习打卡

你今天学习花了多少时间？
（家长帮忙计时）

 A.不到5分钟　　 B.5~10分钟　　 C.10分钟以上

你今天练习全做对了吗？

 A.全对　　B.仅错一处　　 C.错误较多

小朋友，明天我们还要继续学习并打卡！

今天能得几颗星？把星星涂上你喜欢的颜色，来给自己打分吧！

☆☆☆☆☆

脑王课堂

 脑王！脑王！给动物排座位很好玩，我已经学会了。

那我们今天继续玩好玩的游戏，给冰箱里的水果排顺序。

 好期待新的游戏！

试一试　按照顺序，把水果依次与冰箱内相应的格子连线。

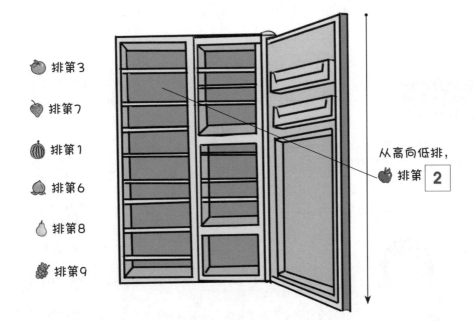

🍎 排第3

🍓 排第7

🍉 排第1

🍋 排第6

🍐 排第8

🍇 排第9

从高向低排，

🍎 排第 **2**

小朋友，你都排对了吗？冰箱的第几层没放水果？

学习打卡

你今天学习花了多少时间？
（家长帮忙计时）

 A.不到 5 分钟　 B.5~10 分钟　 C.10 分钟以上

你今天练习全做对了吗？

 A.全对　B.仅错一处　 C.错误较多

小朋友，明天我们还要继续学习并打卡！

今天能得几颗星？把星星涂上你喜欢的颜色，来给自己打分吧！

★ ★ ★ ★ ★

脑王测试

 脑王！脑王！相邻数和序数的游戏都玩过了，接下来还能玩什么？

今天又到了闯关游戏环节，我出一些题目，快来接受挑战吧！

 接受挑战，我会加油的！

试一试 看清题目，按要求来完成吧！

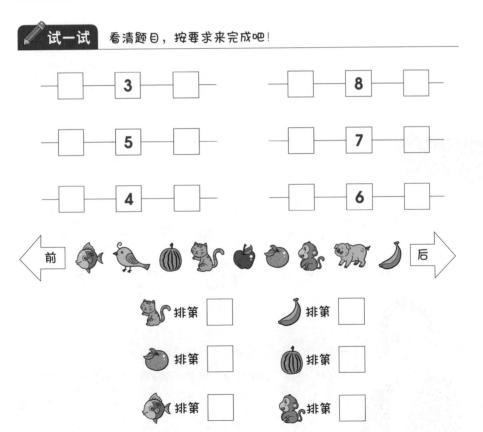

小朋友，你都答对了吗？如果有错题，请在下方改正。

总结

学习打卡

你今天学习花了多少时间？
（家长帮忙计时）

A. 不到 5 分钟　　B. 5~10 分钟　　C. 10 分钟以上

你今天练习全做对了吗？

A. 全对　　B. 仅错一处　　C. 错误较多

小朋友，明天我们还要继续学习并打卡！

今天能得几颗星？把星星涂上你喜欢的颜色，来给自己打分吧！

★ ★ ★ ★ ★

评级证书

五级

（认数和写数）

_____ 同学：

祝贺你在"认数和写数训练25～30天"

学习中，坚持练习并通过了测试！

请你以"小脑王"为目标，继续努力！

年　　月　　日

数学评测官　　杨易

脑王课堂

 脑王！脑王！我再次顺利闯关了，接下来玩什么？

 继续加油！今天我们要认识"0"。

 "0"这个数字很特别吗？

 "0"是一个特殊的数字，代表没有东西。

示例：　　　0

试一试　学习写"0"。

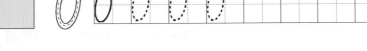

 没有人，人数是（　　）

 没有动物，数量是（　　）

复习

小朋友，你都写对了吗？可以再多练习几遍。

学习打卡

你今天学习花了多少时间？
（家长帮忙计时）

A. 不到 5 分钟　　B. 5~10 分钟　　C. 10 分钟以上

你今天练习全做对了吗？

A. 全对　　B. 仅错一处　　C. 错误较多

小朋友，明天我们还要继续学习并打卡！

今天能得几颗星？把星星涂上你喜欢的颜色，来给自己打分吧！

★ ★ ★ ★ ★

072

第 **32** 天　熟悉 0

_____ 月

_____ 日

脑王课堂

 脑王！脑王！"0"真的是一个很特殊的数字。

是的，今天我们要玩一个游戏，继续熟悉"0"。

 玩什么游戏啊？

认真数一数各种动物和植物的数量，看看会不会用到"0"。

✏️ **试一试**　分别数一数下面的动物和植物，再填到右侧的括号里。

   有（ ）朵

 有（ ）只

          有（ ）只

有（ ）头

 有（ ）只

   有（ ）个

有（ ）条

 有（ ）只

073

复习

小朋友，你都数对了吗？把今天练习题中出现的
数每个再写两遍。

学习打卡

你今天学习花了多少时间？
（家长帮忙计时）

A. 不到 5 分钟　　B. 5~10 分钟　　C. 10 分钟以上

你今天练习全做对了吗？

A. 全对　　　B. 仅错一处　　C. 错误较多

小朋友，明天我们还要继续学习并打卡！

今天能得几颗星？把星星涂上你喜欢的颜色，来给自己打分吧！

★ ★ ★ ★ ★

074

第 **33** 天 认识 10

_____ 月
_____ 日

脑王课堂

脑王！脑王！还有没有其他特殊的数了？

有呀！今天一起来认识"10"这个数。

"10"有什么特殊的呀？

"10"是由"1"和"0"组成的，它是两位数。

示例：

试一试 快来一起练习写"10"吧。

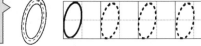

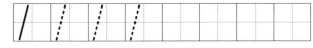

小朋友，你会写了吗？可以继续写一下"10"。

学习打卡

你今天学习花了多少时间？
（家长帮忙计时）

A. 不到 5 分钟　　B. 5~10 分钟　　C. 10 分钟以上

你今天练习全做对了吗？

A. 全对　　　　B. 仅错一处　　C. 错误较多

小朋友，明天我们还要继续学习并打卡！

今天能得几颗星？把星星涂上你喜欢的颜色，来给自己打分吧！

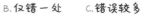

第 34 天 复习 10 以内的数①

月 _____
日 _____

脑王课堂

 脑王！脑王！我已经认识很多数了，接下来还要学什么？

学过的知识不能忘。今天我们来复习一下。

 好呀！复习很重要，我会加油的！

试一试 数一数有多少个水果，写出对应的数量。

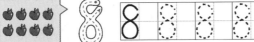

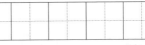

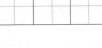

小朋友，你都数对了吗？可以再多练习几遍。

<table>
<tr><td></td><td></td><td></td><td></td><td></td><td></td><td></td><td></td><td></td></tr>
</table>

学习打卡

你今天学习花了多少时间？
（家长帮忙计时）

A. 不到 5 分钟　　B. 5~10 分钟　　C. 10 分钟以上

你今天练习全做对了吗？

A. 全对　　B. 仅错一处　　C. 错误较多

小朋友，明天我们还要继续学习并打卡！

今天能得几颗星？把星星涂上你喜欢的颜色，来给自己打分吧！

★ ★ ★ ★ ★

脑王课堂

 脑王！脑王！今天我们玩什么？　　继续玩复习游戏！

怎么玩？　　我准备了各种形状的积木，数一数，写出每种形状的积木对应的数。

✏️ **试一试**　看清楚不同形状的积木，认真数一数。

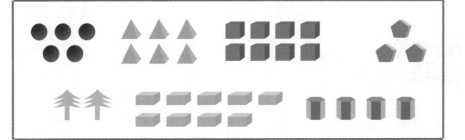

● 有（5）个

🟦 有（　）个　　　　▲ 有（　）个

▭ 有（　）个　　　　🟥 有（　）个

⬠ 有（　）个　　　　⬭ 有（　）个

🌲 有（　）个

小朋友，你都数对了吗？选你喜欢的两个图案，
继续数一数，画一画，练一练。

学习打卡

你今天学习花了多少时间？
（家长帮忙计时）

A. 不到 5 分钟　　B. 5~10 分钟　　C. 10 分钟以上

你今天练习全做对了吗？

A. 全对　　B. 仅错一处　　C. 错误较多

小朋友，明天我们还要继续学习并打卡！

今天能得几颗星？把星星涂上你喜欢的颜色，来给自己打分吧！

☆ ☆ ☆ ☆ ☆

脑王测试

　脑王！脑王！今天有什么
新挑战？

今天又到了测试闯关环节，
我出一些题目考考你！

　好呀！做好准备，开始闯关了。

试一试　根据○内的数圈出对应数量的物品。

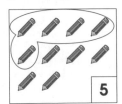

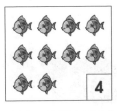

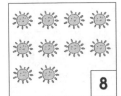

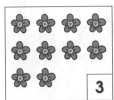

总结

小朋友，你都圈对了吗？如果有错题，请将错题再做一遍，并在下面写几遍这个数。

评级证书

★★★★★
— 六级 —
（认数和写数）

_____ 同学：

祝贺你在"认数和写数训练31~36天"

学习中，坚持练习并通过了测试！

请你以"小脑王"为目标，继续努力！

年　　月　　日

数学评测官　　杨易

脑王课堂

 脑王！脑王！闯关成功，开始新的挑战吧！

 挑战越来越难了，我会努力的。

 新的挑战是认识"11""12"和"13"。一边练习书写，一边数一数前面的图案吧。

示例：•••••• • ∕∕

 试一试　数一数前面的图案，写出对应的数。

∕∕ ∕∕ ∕∕ ∕∕ ∕∕ ∕∕ ∕∕

∕2 ∕2 ∕2 ∕2 ∕2

∕3 ∕3 ∕3 ∕3 ∕3

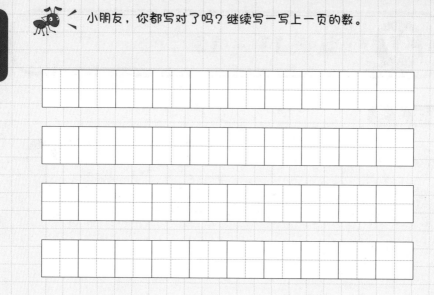

小朋友，你都写对了吗？继续写一写上一页的数。

学习打卡

你今天学习花了多少时间？
（家长帮忙计时）

A. 不到 5 分钟　　B. 5~10 分钟　　C. 10 分钟以上

你今天练习全做对了吗？

A. 全对　　B. 仅错一处　　C. 错误较多

小朋友，明天我们还要继续学习并打卡！

今天能得几颗星？把星星涂上你喜欢的颜色，来给自己打分吧！

☆ ☆ ☆ ☆ ☆

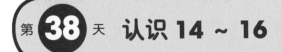

脑王课堂

 脑王！脑王！今天还有新的数要认识吗？

又是新的两位数，我会认真学的。

有呀！今天要认识的新数是"14""15"和"16"。

示例：••••• •••• 14

 数一数前面的图案，写出对应的数。

••••• •••••	14	14	14	14	14				

••••• ••••••	15	15	15	15	15				

••••• ••••••	16	16	16	16	16				

△△△△△ △△△△△ △△△△									

△△△△△ △△△△△ △△△△△									

△△△△△ △△△△△ △△△△△△									

小朋友，你都写对了吗？继续写一写上一页的数。

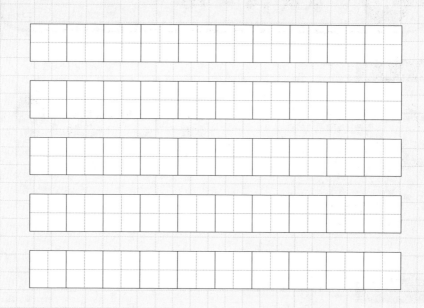

学习打卡

你今天学习花了多少时间？
（家长帮忙计时）

A.不到 5 分钟　　B.5~10 分钟　　C.10 分钟以上

你今天练习全做对了吗？

A.全对　　　　B.仅错一处　　　C.错误较多

小朋友，明天我们还要继续学习并打卡！

今天能得几颗星？把星星涂上你喜欢的颜色，来给自己打分吧！

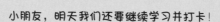

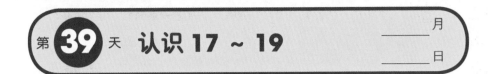

脑王课堂

 脑王！脑王！今天我们学什么？

认识"17""18"和"19"。

好多两位数，我要好好记一记。

示例： •••••• •••••• 17

 数一数前面的图案，写出对应的数。

| | 17 | 17 | 17 | 17 | 17 | | | | |

| | 18 | 18 | 18 | 18 | 18 | | | | |

| | 19 | 19 | 19 | 19 | 19 | | | | |

△△△△△ △△△△△
△△△△△ △△

△△△△△ △△△△△
△△△△△ △△△

△△△△△ △△△△△
△△△△△ △△△△

089

小朋友，你都写对了吗？继续写一写上一页的数。

学习打卡

你今天学习花了多少时间？
（家长帮忙计时）

A. 不到 5 分钟　　B. 5~10 分钟　　C. 10 分钟以上

你今天练习全做对了吗？

A. 全对　　　　B. 仅错一处　　　C. 错误较多

小朋友，明天我们还要继续学习并打卡！

今天能得几颗星？把星星涂上你喜欢的颜色，来给自己打分吧！

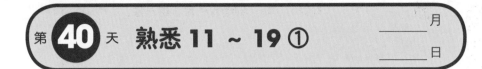

第 40 天　熟悉 11 ~ 19 ①

_____ 月

_____ 日

脑王课堂

 脑王！脑王！我已经认识了很多两位数，接下来有什么新挑战？

今天我们试着使用新认识的数。每组都有十几个图案，你能一次数对吗？

 我会加油的！

✎ 试一试　数一数图案，写出对应的数。

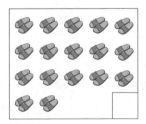

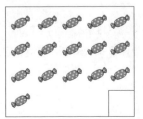

小朋友，你都数对了吗？继续写一写，练一练。

学习打卡

你今天学习花了多少时间？
（家长帮忙计时）

A. 不到 5 分钟　　B. 5~10 分钟　　C. 10 分钟以上

你今天练习全做对了吗？

A. 全对　　　　B. 仅错一处　　　C. 错误较多

小朋友，明天我们还要继续学习并打卡！

今天能得几颗星？把星星涂上你喜欢的颜色，来给自己打分吧！

★ ★ ★ ★ ★

脑王课堂

 脑王！脑王！今天我们学什么？　继续复习11~19这几个两位数。

 好好复习，把它们都记在心里。

试一试　数一数图案，写出对应的数。

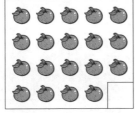

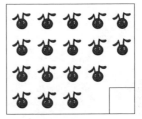

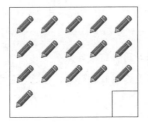

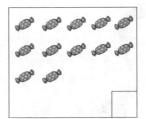

小朋友，你都数对了吗？继续写一写，练一练。

学习打卡

你今天学习花了多少时间？
（家长帮忙计时）

A. 不到 5 分钟　　B. 5~10 分钟　　C. 10 分钟以上

你今天练习全做对了吗？

A. 全对　　　　B. 仅错一处　　　　C. 错误较多

小朋友，明天我们还要继续学习并打卡！

今天能得几颗星？把星星涂上你喜欢的颜色，来给自己打分吧！

脑王测试

 脑王！脑王！两位数我已经全部记住了，开始新的挑战吧！

好棒！那就来一次闯关挑战吧！我出一些题目考考你。

✏ 试一试　在□内写上和图片对应数量的数。

✏ 试一试　圈出相同数量的物品。

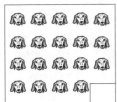

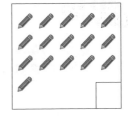

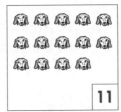

16

11

15

总结

小朋友，你都答对了吗？如果有错题，请在下方改正。

学习打卡

你今天学习花了多少时间？
（家长帮忙计时）

A. 不到 5 分钟　　B. 5~10 分钟　　C. 10 分钟以上

你今天练习全做对了吗？

A. 全对　　　　B. 仅错一处　　　C. 错误较多

小朋友，明天我们还要继续学习并打卡！

今天能得几颗星？把星星涂上你喜欢的颜色，来给自己打分吧！

★ ★ ★ ★ ★

评级证书

七级

（认数和写数）

＿＿＿＿＿＿ 同学：

祝贺你在"认数和写数训练37～42天"

学习中，坚持练习并通过了测试！

请你以"小脑王"为目标，继续努力！

年　　　月　　　日

数学评测官　　杨易

第 **43** 天　比大小①

_____ 月

_____ 日

脑王课堂

 脑王！脑王！快来恭喜我顺利闯关吧！

赞! 新的挑战即将开始。

 新挑战是什么？

学了那么多数，今天再好好练习一次比大小。

 数与数之间比大小有什么规律吗？

两位数一定比一位数大。

示例：　13 6　　9 11

✏️ **试一试**　快来比大小。

10 ◯ 9　　　　8 ◯ 12　　　　4 ◯ 17

18 ◯ 9　　　　7 ◯ 12　　　　8 ◯ 11

5 ◯ 15　　　　16 ◯ 9　　　　17 ◯ 8

12 ◯ 5　　　　14 ◯ 4　　　　19 ◯ 9

小朋友，你都答对了吗？如果有答错的，将错的数写下来，再比较一下它们的大小。

你今天学习花了多少时间？
（家长帮忙计时）

A. 不到 5 分钟　　B. 5~10 分钟　　C. 10 分钟以上

你今天练习全做对了吗？

A. 全对　　B. 仅错一处　　C. 错误较多

小朋友，明天我们还要继续学习并打卡！

今天能得几颗星？把星星涂上你喜欢的颜色，来给自己打分吧！

☆ ☆ ☆ ☆ ☆

脑王课堂

 脑王！脑王！今天我们学什么？

 比一比两位数的大小。

 两位数比大小，有什么规律？

 十几与十几相比，直接比个位数就可以了！

示例： 2 （<） 3   12 （<） 13

✏️ **试一试** 在○内填上 "<" 或者 ">"。

5 ○ 6   8 ○ 9   9 ○ 7

15 ○ 16   18 ○ 19   19 ○ 17

4 ○ 3   2 ○ 1   8 ○ 5

14 ○ 13   12 ○ 11   18 ○ 15

7 ○ 5   4 ○ 6   1 ○ 2

17 ○ 15   14 ○ 16   11 ○ 12

小朋友，你都答对了吗？如果有答错的，将错的数写下来，再比较一下它们的大小。

学习打卡

你今天学习花了多少时间？
（家长帮忙计时）

A. 不到 5 分钟　　B. 5~10 分钟　　C. 10 分钟以上

你今天练习全做对了吗？

A. 全对　　　　B. 仅错一处　　　C. 错误较多

小朋友，明天我们还要继续学习并打卡！

今天能得几颗星？把星星涂上你喜欢的颜色，来给自己打分吧！

★ ★ ★ ★ ★

脑王课堂

脑王！脑王！比大小时还
有其他好用的规律吗？

有啊。还记得"0"吗？
"0"比其他数都小。

我记住这个规律了。

示例：　0 < 6　　5 > 0

✏️ 试一试　快来和"0"比大小吧！

0 ◯ 1　　　　2 ◯ 0　　　　0 ◯ 10

11 ◯ 0　　　9 ◯ 0　　　10 ◯ 13

0 ◯ 19　　　10 ◯ 11　　　3 ◯ 0

14 ◯ 10　　　0 ◯ 7　　　8 ◯ 10

小朋友，你都答对了吗？如果有答错的，将错的数写下来，再比较一下它们的大小。

学习打卡

你今天学习花了多少时间？
（家长帮忙计时）

A.不到 5 分钟   B.5~10 分钟   C.10 分钟以上

你今天练习全做对了吗？

A.全对   B.仅错一处   C.错误较多

小朋友，明天我们还要继续学习并打卡！

今天能得几颗星？把星星涂上你喜欢的颜色，来给自己打分吧！

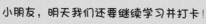

第 46 天 最多与最少②

___ 月
___ 日

脑王课堂

 脑王！脑王！"0"是不是最小的数呢？

 我们目前认识的数中，它是最小的。

 记住了！今天学什么有趣的知识？

 今天比最多和最少，在数量最多的下面画"√"，在数量最少的下面画"△"。

示例：

□   △   √

✏️ 试一试   按照脑王示例画"√"和"△"。

□   □   □

□   □   □

105

小朋友，你都答对了吗？将上一页题目涉及的数再写一遍。

学习打卡

你今天学习花了多少时间？
（家长帮忙计时）

 A. 不到 5 分钟　 B. 5~10 分钟　 C. 10 分钟以上

你今天练习全做对了吗？

 A. 全对　B. 仅错一处　 C. 错误较多

小朋友，明天我们还要继续学习并打卡！

今天能得几颗星？把星星涂上你喜欢的颜色，来给自己打分吧！

★ ★ ★ ★ ★

脑王课堂

 脑王！脑王！我已经会比最多和最少了。

好棒！今天我们学习数之间的排序。

 一位数的排序我已经学会了，现在学两位数的排序吗？

答对了！把三个两位数从小到大或从大到小排起来。

示例：   **12，15，13**

15 > 13 > 12

✏️ **试一试** 把数按顺序填到□中。

11，14，17

□ > □ > □

15，18，19

□ < □ < □

12，11，13

□ < □ < □

19，10，15

□ > □ > □

16，18，19

□ < □ < □

17，14，18

□ > □ > □

小朋友，你都填对了吗？从上一页选两组喜欢的数
再写一遍。

学习打卡

你今天学习花了多少时间？
（家长帮忙计时）

A.不到 5 分钟　　B.5~10 分钟　　C.10 分钟以上

你今天练习全做对了吗？

A.全对　　B.仅错一处　　C.错误较多

小朋友，明天我们还要继续学习并打卡！

今天能得几颗星？把星星涂上你喜欢的颜色，来给自己打分吧！

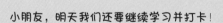

脑王测试

 脑王！脑王！11~19这几个两位数我都掌握了，还有什么新挑战吗？

现在进入测试挑战环节，我出一些题目考考你！

 接受挑战，开始吧！

试一试　记得看清填数还是填符号。

11，14，13

☐ > ☐ > ☐

15，18，12

☐ < ☐ < ☐

19，13，17

☐ > ☐ > ☐

16，14，18

☐ < ☐ < ☐

15 ◯ 13　　16 ◯ 17　　14 ◯ 14

19 ◯ 12　　10 ◯ 18　　13 ◯ 13

0 ◯ 10　　10 ◯ 15　　11 ◯ 16

小朋友，你都答对了吗？如果有错题，请在下方改正。

学习打卡

你今天学习花了多少时间？
（家长帮忙计时）

A. 不到 5 分钟　　B. 5~10 分钟　　C. 10 分钟以上

你今天练习全做对了吗？

A. 全对　　　　B. 仅错一处　　　C. 错误较多

小朋友，明天我们还要继续学习并打卡！

今天能得几颗星？把星星涂上你喜欢的颜色，来给自己打分吧！

★★★★★

评级证书

八级

（认数和写数）

_____ 同学：

祝贺你在"认数和写数训练43～48天"

学习中，坚持练习并通过了测试！

请你以"小脑王"为目标，继续努力！

年　　月　　日

数学评测官　　杨易

脑王课堂

 脑王！脑王！我再次挑战成功了，要继续接受新的挑战任务。

 太棒了！今天的新挑战是认识"20""30"和"40"。

 它们的最后一位数都是"0"。

 这些数都是整十数，前面的数是几，就代表几个十。

示例：　••••• ••••• 20

 试一试 数一数前面的图案，写出对应的数。

	20	20	20	20	20		
••••• •••••	30	30	30	30	30		
••••• ••••• •••••	40	40	40	40	40		
••••• ••••• ••••• •••••							

△△△△△ △△△△△ △△△△△ △△△△△							

△△△△△ △△△△△ △△△△△ △△△△△ △△△△△ △△△△△								

△△△△△ △△△△△ △△△△△ △△△△△ △△△△△ △△△△△ △△△△△ △△△△△									

小朋友，你都写对了吗？继续写一写上一页的数。

学习打卡

你今天学习花了多少时间？
（家长帮忙计时）

 A.不到 5 分钟　 B.5~10 分钟　 C.10 分钟以上

你今天练习全做对了吗？

 A.全对　 B.仅错一处　 C.错误较多

小朋友，明天我们还要继续学习并打卡！

今天能得几颗星？把星星涂上你喜欢的颜色，来给自己打分吧！

★ ★ ★ ★ ★

脑王课堂

脑王！脑王！今天我们学什么？

学计数。数一数左边有几个苹果，右边有几个橘子，然后想想一共有几种水果。

示例：

（ 8 ）　　　　　（ 5 ）　　　　一共有（ 2 ）种水果

试一试　按照脑王示例，在（　　）内填上相应的数。

（　　）　　　　　（　　）　　　　一共有（　　）种不同的图形

（　　）　　　　　（　　）　　　　一共有（　　）种不同的水果

（　　）　　　　　（　　）　　　　一共有（　　）种不同的东西

（　　）　　（　　）　　（　　）　一共有（　　）种不同的水果

（　　）　　（　　）　　（　　）　一共有（　　）种不同的动物

小朋友，你都数对了吗？再练一练，数一数。

学习打卡

你今天学习花了多少时间？
（家长帮忙计时）

A. 不到 5 分钟　　B. 5~10 分钟　　C. 10 分钟以上

你今天练习全做对了吗？

A. 全对　　B. 仅错一处　　C. 错误较多

小朋友，明天我们还要继续学习并打卡！

今天能得几颗星？把星星涂上你喜欢的颜色，来给自己打分吧！

★ ★ ★ ★ ★

脑王课堂

 脑王！脑王！今天我们玩什么呢？

考察眼力与细心的时候到了！今天继续玩计数游戏。数量多时，用笔指着数更容易。

试一试　认真数一数图片中各种图案的数量。

🐦 有（14）朵

🍅 有（　）只　　　　🍎 有（　）个

🐰 有（　）只　　　　✳ 有（　）个

🐻 有（　）头　　　　🐑 有（　）只

小朋友，你都数对了吗？画上你喜欢的图案，再数一数。

复习

学习打卡

你今天学习花了多少时间？
（家长帮忙计时）

A. 不到 5 分钟　　B. 5~10 分钟　　C. 10 分钟以上

你今天练习全做对了吗？

A. 全对　　　B. 仅错一处　　C. 错误较多

小朋友，明天我们还要继续学习并打卡！

今天能得几颗星？把星星涂上你喜欢的颜色，来给自己打分吧！

⭐ ⭐ ⭐ ⭐ ⭐

脑王课堂

 脑王！脑王！我已经认识很多数了，数与数之间的关系好神奇呀！

对呀！今天我们就来玩数感游戏。

 数感游戏怎么玩呀？

仔细观察符号表示的关系，在□内填上合适的数。

示例：　**16 > [15] > 14**

试一试　快来接受挑战吧！

15 > □ > 13　　　　13 > □ > 11

18 > □ > 16　　　　17 > □ > 15

20 > □ > 18　　　　11 > □ > 9

19 > □ > □ > 16　　17 > □ > □ > 14

15 > □ > □ > 12　　16 > □ > □ > 13

小朋友，你都填对了吗？上一页做错的题，请在这里写几遍。

学习打卡

你今天学习花了多少时间？
（家长帮忙计时）

A. 不到 5 分钟　　B. 5~10 分钟　　C. 10 分钟以上

你今天练习全做对了吗？

A. 全对　　　　B. 仅错一处　　C. 错误较多

小朋友，明天我们还要继续学习并打卡！

今天能得几颗星？把星星涂上你喜欢的颜色，来给自己打分吧！

★ ★ ★ ★ ★

第 **53** 天　数感练习②

_____ 月

_____ 日

脑王课堂

 脑王！脑王！数感游戏很好玩，我写得可快了！

今天我们继续来玩这个好玩的游戏。

 今天的游戏和昨天的游戏有什么不同吗？

昨天按从大到小找规律，今天按从小到大找规律。

示例： 11 < 12 < 13

试一试　快来接受挑战吧!

12 < ☐ < 14

16 < ☐ < 18

9 < ☐ < 11

10 < ☐ < 12

15 < ☐ < 17

18 < ☐ < 20

16 < ☐ < ☐ < 19

9 < ☐ < ☐ < 12

17 < ☐ < ☐ < 20

13 < ☐ < ☐ < 16

小朋友，你都填对了吗？上一页做错的题，请在这里写几遍。

学习打卡

你今天学习花了多少时间？
（家长帮忙计时）

 A. 不到 5 分钟 B. 5~10 分钟 C. 10 分钟以上

你今天练习全做对了吗？

 A. 全对 B. 仅错一处 C. 错误较多

小朋友，明天我们还要继续学习并打卡！

今天能得几颗星？把星星涂上你喜欢的颜色，来给自己打分吧！

⭐⭐⭐⭐⭐

脑王测试

 脑王！脑王！是不是又要开始新的测试闯关挑战了？

对呀！我出一些题目考考你！

 接受挑战，我会加油的！

试一试 看清题目再回答！

● ● ● ● ●   ⬠ ⬠ ⬠ ⬠
(   )   (   )   一共有 (   ) 种不同的图形

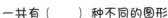

 有 (   ) 只   有 (   ) 只    有 (   ) 个

15 > ☐ > 13   18 > ☐ > 16

19 > ☐ > ☐ > 16   15 > ☐ > ☐ > 12

10 < ☐ < 12   18 < ☐ < 20

17 < ☐ < ☐ < 20   13 < ☐ < ☐ < 16

小朋友，你都答对了吗？如果有错题，请在下方改正。

学习打卡

你今天学习花了多少时间？
（家长帮忙计时）

A.不到 5 分钟　　B.5~10 分钟　　C.10 分钟以上

你今天练习全做对了吗？

A.全对　　　B.仅错一处　　C.错误较多

小朋友，明天我们还要继续学习并打卡！

今天能得几颗星？把星星涂上你喜欢的颜色，来给自己打分吧！

★★★★★

评级证书

九级

（认数和写数）

———— 同学：

　　祝贺你在"认数和写数训练49～54天"

学习中，坚持练习并通过了测试！

　　请你以"小脑王"为目标，继续努力！

年　　　月　　　日

数学评测官　　杨易

脑王课堂

 脑王！脑王！我再次顺利闯关了，接下来玩什么呢？ 好棒呀！今天我们来一次综合复习吧。

 复习挑战难度大吗？ 不大！先从给数排大小开始。

示例：   3, 15, 8, 17

| 17 | > | 15 | > | 8 | > | 3 |

 试一试 按从大到小的顺序排一排这些数。

4, 14, 11, 9

☐ > ☐ > ☐ > ☐

10, 8, 20, 15

☐ > ☐ > ☐ > ☐

7, 6, 16, 17

☐ > ☐ > ☐ > ☐

0, 8, 10, 20

☐ > ☐ > ☐ > ☐

13, 3, 1, 18

☐ > ☐ > ☐ > ☐

12, 5, 11, 17

☐ > ☐ > ☐ > ☐

小朋友，你都排对了吗？没排对的题，请再写几遍。

学习打卡

你今天学习花了多少时间？
（家长帮忙计时）

A.不到 5 分钟　　B.5~10 分钟　　C.10 分钟以上

你今天练习全做对了吗？

A.全对　　B.仅错一处　　C.错误较多

小朋友，明天我们还要继续学习并打卡！

今天能得几颗星？把星星涂上你喜欢的颜色，来给自己打分吧！

第 56 天　排序训练②

_____ 月
_____ 日

 脑王！脑王！今天是综合复习第二关吧？

今天我们将数按从小到大的顺序排一排。

示例：　9，7，12，13

7 < 9 < 12 < 13

✏️ 试一试　排序规则和昨天相反，要认真填写。

10，20，5，0

☐ < ☐ < ☐ < ☐

11，13，18，15

☐ < ☐ < ☐ < ☐

6，5，11，8

☐ < ☐ < ☐ < ☐

9，7，4，3

☐ < ☐ < ☐ < ☐

17，12，10，5

☐ < ☐ < ☐ < ☐

18，19，14，8

☐ < ☐ < ☐ < ☐

129

小朋友，你都排对了吗？没排对的题，请再写几遍。

学习打卡

你今天学习花了多少时间？
（家长帮忙计时）

A. 不到 5 分钟　　B. 5~10 分钟　　C. 10 分钟以上

你今天练习全做对了吗？

A. 全对　　　B. 仅错一处　　C. 错误较多

小朋友，明天我们还要继续学习并打卡！

今天能得几颗星？把星星涂上你喜欢的颜色，来给自己打分吧！

★ ★ ★ ★ ★

脑王课堂

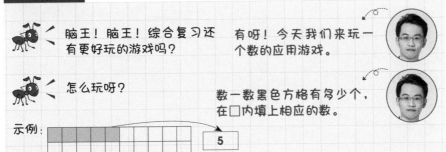

脑王！脑王！综合复习还有更好玩的游戏吗？

有呀！今天我们来玩一个数的应用游戏。

怎么玩呀？

数一数黑色方格有多少个，在□内填上相应的数。

示例：

5

✏️ **试一试** 认真数一数。

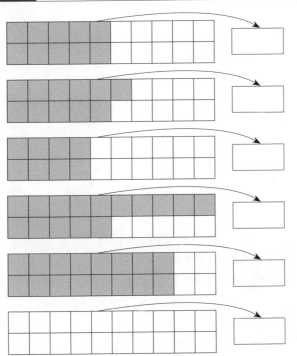

小朋友，你都答对了吗？再练一练，写一写。

学习打卡

你今天学习花了多少时间？
（家长帮忙计时）

A. 不到 5 分钟　　B. 5~10 分钟　　C. 10 分钟以上

你今天练习全做对了吗？

A. 全对　　B. 仅错一处　　C. 错误较多

小朋友，明天我们还要继续学习并打卡！

今天能得几颗星？把星星涂上你喜欢的颜色，来给自己打分吧！

★ ★ ★ ★ ★

脑王课堂

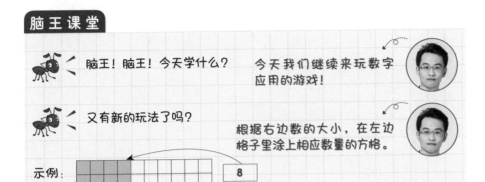

脑王！脑王！今天学什么？

今天我们继续来玩数字应用的游戏！

又有新的玩法了吗？

根据右边数的大小，在左边格子里涂上相应数量的方格。

示例：

8

试一试 看清数再认真数格，从中你能发现什么规律？

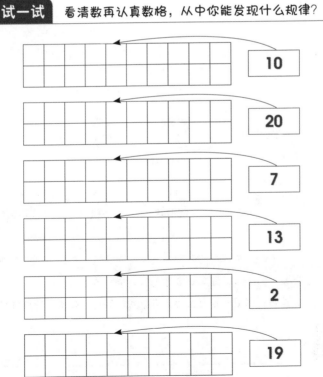

10

20

7

13

2

19

133

小朋友，你都涂对了吗？对于没涂对的题，请你再数一数，涂一涂。

学习打卡

你今天学习花了多少时间？
（家长帮忙计时）

A.不到 5 分钟　　B.5~10 分钟　　C.10 分钟以上

你今天练习全做对了吗？

A.全对　　B.仅错一处　　C.错误较多

小朋友，明天我们还要继续学习并打卡！

今天能得几颗星？把星星涂上你喜欢的颜色，来给自己打分吧！

134

脑王测试

脑王！脑王！我每天都在坚持学习，还有什么新挑战？

最后我要测试你是不是都学会了。准备好了吗？

接受挑战，我会继续加油的！

试一试　快来接受挑战吧！

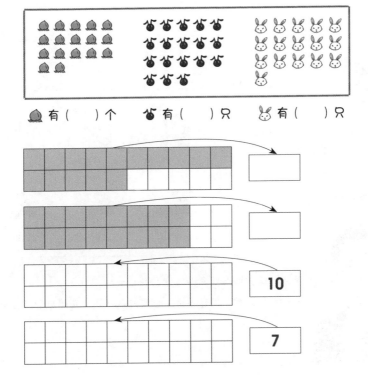

 有（　　）个　　🐔 有（　　）只　　🐰 有（　　）只

复习

小朋友，你都答对了吗？如果有错题，请在下方改正。

学习打卡

你今天学习花了多少时间？
（家长帮忙计时）

A. 不到 5 分钟　　B. 5~10 分钟　　C. 10 分钟以上

你今天练习全做对了吗？

A. 全对　　B. 仅错一处　　C. 错误较多

小朋友，明天我们还要继续学习并打卡！

今天能得几颗星？把星星涂上你喜欢的颜色，来给自己打分吧！

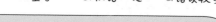

___ 月

___ 日

脑王测试

脑王！脑王！前一天的测试挑战，我已经顺利通过啦！

很棒！今天我们就做本册的最后一次测试挑战吧！

最后一次挑战，我要继续加油！

试一试　按照一定的规律，在相应的□内填上合适的数。

7, 6, 16, 17

□ > □ > □ > □

0, 8, 10, 20

□ > □ > □ > □

17, 12, 10, 5

□ < □ < □ < □

18, 19, 14, 8

□ < □ < □ < □

14 > □ > 12

16 > □ > 14

9 > □ > □ > 6

17 < □ < □ < 20

10 > □ > □ > 7

0 < □ < □ < 3

总结

小朋友，你都答对了吗？如果有错题，请在下方改正。

你今天学习花了多少时间？
（家长帮忙计时）

A.不到 5 分钟　　B.5~10 分钟　　C.10 分钟以上

你今天练习全做对了吗？

A.全对　　　B.仅错一处　　C.错误较多

小朋友，明天我们还要继续学习并打卡！
今天能得几颗星？把星星涂上你喜欢的颜色，来给自己打分吧！

★★★★★

评级证书

十级

（认数和写数）

———— 同学：

祝贺你在"认数和写数训练55～60天"

学习中，坚持练习并通过了测试！

请你以"小脑王"为目标，继续努力！

年　　月　　日

数学评测官　　杨易